Sampa Das
Puja Bose
Sanjugh Guha Thakurata

SISTEMA DE IRRIGAÇÃO INTELIGENTE USANDO IOT

Sampa Das
Puja Bose
Sanjugh Guha Thakurata

SISTEMA DE IRRIGAÇÃO INTELIGENTE USANDO IOT

ScienciaScripts

Imprint

Any brand names and product names mentioned in this book are subject to trademark, brand or patent protection and are trademarks or registered trademarks of their respective holders. The use of brand names, product names, common names, trade names, product descriptions etc. even without a particular marking in this work is in no way to be construed to mean that such names may be regarded as unrestricted in respect of trademark and brand protection legislation and could thus be used by anyone.

Cover image: www.ingimage.com

This book is a translation from the original published under ISBN 978-620-6-14411-3.

Publisher:
Sciencia Scripts
is a trademark of
Dodo Books Indian Ocean Ltd. and OmniScriptum S.R.L publishing group

120 High Road, East Finchley, London, N2 9ED, United Kingdom
Str. Armeneasca 28/1, office 1, Chisinau MD-2012, Republic of Moldova, Europe
Printed at: see last page
ISBN: 978-620-5-76718-4

Subtítulo:

Um Sistema de Rega Inteligente é um sistema de rega automático em relação à humidade disponível presente no solo. Isto significa que se o nível de humidade do solo for baixo, então apenas a rega automática não deve fluir de outra forma. Deve aguardar até à linha marginal.

Para executar este projecto, precisamos de alguns componentes de hardware, bem como de software para integrar correctamente e executar o resultado real do projecto. Depois disso, é necessário um telemóvel andróide para controlar correctamente todas as funcionalidades.

Tabela de Conteúdos

RECONHECIMENTO

Gostaríamos de agradecer ao departamento de engenharia electrónica e de comunicação do Gargi Memorial Institute of Technology Kolkata pela execução deste projecto a partir do zero. Além disso, gostaríamos também de agradecer de todo o coração ao nosso Vice Presidente e ao nosso director universitário Dr. Somnath Maity e TIC da ECE Sra. Bipasha Chakraborty Banik.

Capítulo 1 - Abstrato

O principal objectivo de um Sistema de Rega Inteligente é desenvolver um sistema de rega inteligente totalmente controlado sem fios e fornecer um sistema de rega automática para as plantas que ajude a poupar dinheiro, água, esforço humano e energia. O objectivo é aplicar este sistema para a melhoria dos sistemas de irrigação utilizando alguns gadgets electrónicos. Estes controladores totais do sistema são utilizados para obter informações como dados de humidade, dados de humidade do solo, bem como de temperatura.

Aqui a necessidade é de construir um Sistema de Rega baseado em IoT usando o Módulo ESP8266 NodeMCU e o sensor de temperatura DHT11. Este artigo centra-se principalmente no sistema de rega automatizado que controla e monitoriza o nível de humidade do solo e inicia a rega automática se o nível de humidade do solo for baixo. Aqui estamos a utilizar a plataforma Microcontroller NodeMCU, que é utilizada para controlar a unidade. Aqui estamos a utilizar um sensor de humidade do solo para detectar a percentagem de humidade da textura particular do solo. Ao identificar este valor, a rega automática será iniciada. Este sistema é utilizado para manter os agricultores actualizados sobre todos os estados. A informação proveniente dos sensores é actualizada regularmente no telemóvel do agricultor através do qual este pode verificar se a planta necessita ou não de água.

Por exemplo:
Se uma marca marginal de humidade do solo for 15 e
mostra o nível de humidade - 20
isto significa que não é necessário começar a regar.
Mas se se recusar a 11
então permitirá iniciar a rega para hidratar a planta até que esta atravesse o ponto marginal.

Este sistema tem uma instalação WIFI para detectar a humidade do solo, temperatura e nível de água colocados na área da raiz de cada planta. A Internet das Coisas facilita aos agricultores a monitorização e o controlo do abastecimento de água para satisfazer a procura e reduzir os resíduos e os custos operacionais. Os dispositivos IoT podem recolher todas as informações como a humidade do solo, a temperatura e o nível de água. O objectivo deste documento é ultrapassar este desafio, todo o sistema é baseado num Nodo microcontrolador e pode ser operado longe da planta.

Capítulo 2 - Introdução

O Sistema de Rega Inteligente utiliza os dados de humidade ou temperatura do solo para determinar a necessidade ou não de irrigação. Este sistema inclui: Estes produtos maximizam a eficiência da irrigação, reduzindo o desperdício de água, mantendo a saúde das plantas.

Os agricultores estão a enfrentar um grande problema apenas com a água. A rega desempenha sempre um papel importante no caso do sistema agrícola. Para ultrapassar este problema na Índia, temos de poupar água o máximo que pudermos. A irrigação desnecessária deve ser evitada. Os agricultores têm vindo a utilizar a irrigação manualmente. Eles irrigarão as terras em alguns momentos particulares. O nível adequado de água do solo é um pré-requisito necessário para o crescimento das plantas. O microcontrolador Nodemcu será utilizado neste projecto, uma vez que é um microcontrolador muito acessível. Pode ser programado para analisar alguns sinais de sensores como - humidade, temperatura, e chuva. Uma bomba é utilizada para regar o sistema de irrigação. Isto torna o sistema proposto uma solução económica, apropriada e de baixa manutenção para aplicações, especialmente em áreas rurais e para agricultores de pequena escala.

Assim, ao utilizar este sistema de irrigação e ao monitorizar o nível de humidade do solo pode satisfazer os requisitos de água necessários para o campo. Para poupar o enorme esforço dos agricultores, as considerações importantes são a água e também o tempo. Nas condições actuais, eles precisam de esperar até o campo estar completamente molhado com água. Este procedimento restringe-os a fazer isto novamente até a planta necessitar de água.

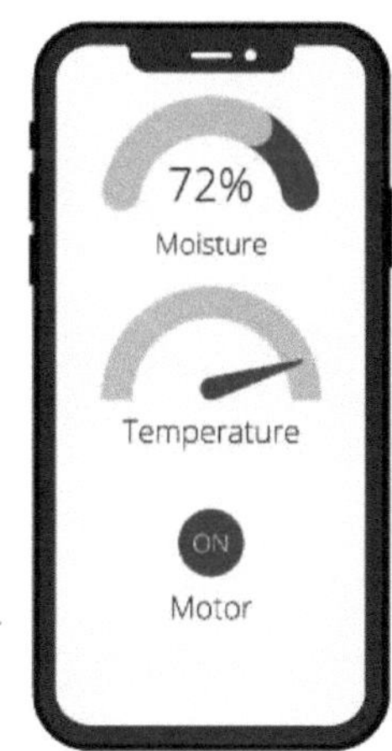

fig:1

Antes de

fig:2

Depois de

fig:3

Objectivos:

Há tantos objectivos do Sistema de Rega Inteligente. Alguns deles são:

- Desenvolver um sistema de irrigação automática baseado em IOT de baixo custo.
- Para monitorizar o conteúdo de humidade sob diferentes condições.
- Para melhorar o sistema através da utilização da aplicação de telemóveis.
- Para melhorar o sistema através da utilização da Rede de Sensores sem fios.
- Para melhorar as funções agrícolas.

Âmbito de aplicação:

O âmbito deste projecto é

- Monitorização do teor de humidade do solo.
- Sistema de Controlo Automático.
- Monitorização em tempo real do solo.
- Sistema de controlo com base móvel.
- Plataforma baseada no IOT.
- Isto pode ser amplamente utilizado uma vez lançado a nível mundial.
- Não devem ser necessários esforços.

Limitações:

As limitações deste projecto são

- O sistema só pode ser utilizado através de uma ligação à Internet.
- O sistema pode ser utilizado com a ajuda de baterias no campo onde a corrente AC não está disponível.

Sistema proposto:

Todos os sensores, isto é, sensor de humidade, sensor de humidade e sensor de temperatura, estão ligados ao NodeMCU do microcontrolador. 9 volts de potência são fornecidos ao microcontrolador. A partir desse microcontrolador, um relé obtém informações sobre a percentagem de humidade no solo. Se a percentagem de humidade for baixa, então o motor é automaticamente ligado e a notificação é enviada para o dispositivo do utilizador. Diagrama de blocos do sistema de irrigação baseado em NodeMCU que consiste em três sensores que são ligados para controlar os valores er e detectados a partir destes sensores são enviados para a aplicação móvel.

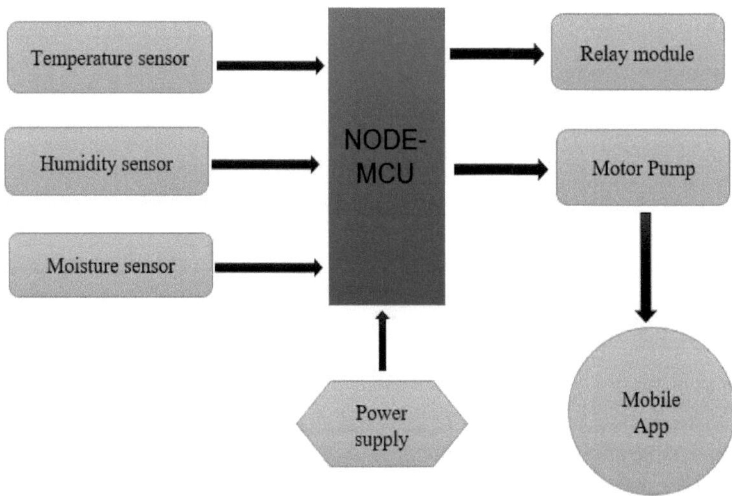

fig:4

Design & Desenvolvimento:

O desenho deste SMART IRRIGATION SYSTEM explica os valores de temperatura, humidade, e humidade do solo usando um fluxograma. Com a ajuda da informação do sensor, o sistema veio a conhecer a importância da humidade do solo, da temperatura e da humidade. Nestes sistemas de irrigação inteligentes, são utilizados sensores de humidade do solo de baixo custo, sensores de temperatura, e módulos Wi-Fi. Eles monitorizam continuamente o sector. Se a humidade do solo for menor do que o valor da borda, o motor é ligado e se a humidade do solo exceder o valor da borda, o motor é ligado. Propõe sensores de baixo custo e sem fios para acumular a humidade e temperatura do solo a partir de locais de exploração agrícola. o nível de água da informação deve também ser monitorizado e deve ser notificado quando há uma queda no nível de água da fonte de água.
A irrigação inteligente ajuda, como reduzir o desperdício de água. Os principais objectivos da irrigação são promover o crescimento real das plantas e manter os níveis adequados de humidade para o solo.

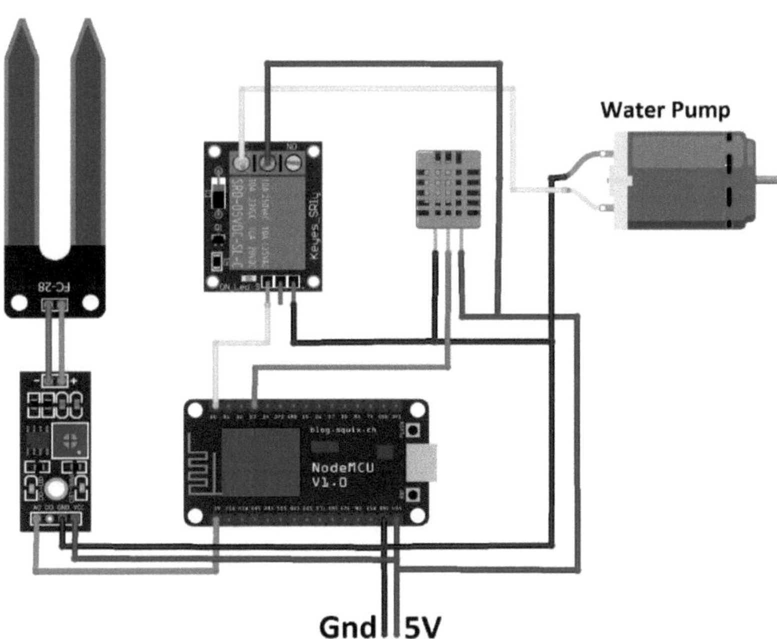

fig:5

Fluxograma 1. [Sensor de temperatura e humidade].

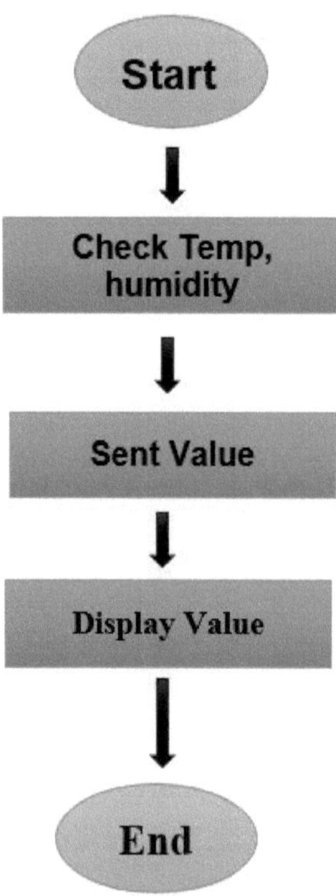

fig:6

Fluxograma 2. [Sensor de humidade do solo:]

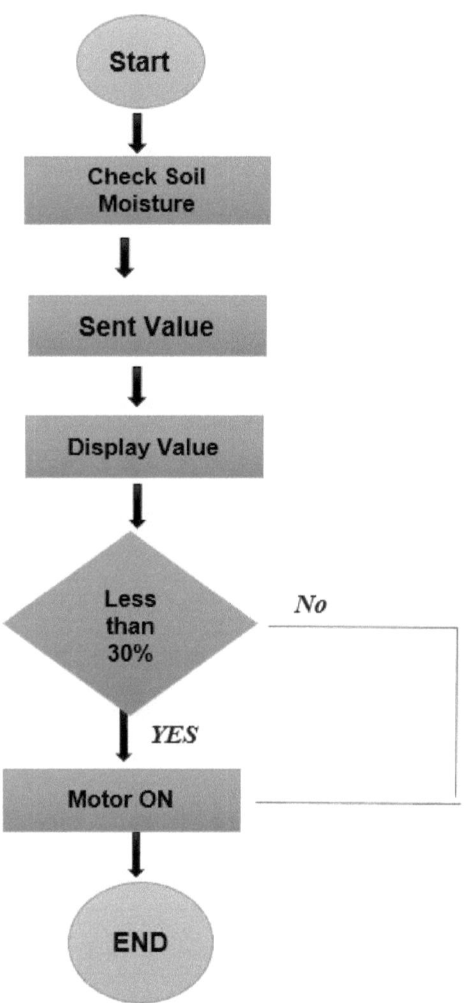

fig:7

Capítulo 3 - Ferramentas necessárias

Estas são as ferramentas necessárias dadas abaixo. Estas ferramentas são os principais componentes para executar o sistema de irrigação inteligente do projecto.
As ferramentas são as seguintes:

-NODE   MCU ESP8266

-      SENSOR DE HUMIDADE DO SOLO

-      MÓDULO BOMBA DE ÁGUA

      -FIO DE LIGAÇÃO

      -MÓDULO RELAY

-9V   BATERIA

      -DHT11

Diagrama de ferramentas	**Descrição da ferramenta**
fig:8	**NóMCU ESP8266:** NodeMCU é um desenvolvimento de software e hardware de código aberto. É também chamado ESP8266. Está disponível em vários estilos de pacotes. Comum a todos os designs é o núcleo básico do ESP8266. Os desenhos baseados na arquitectura têm mantido a disposição padrão de 30 pinos. O Node MCU é uma plataforma de código aberto baseada no ESP8266 que pode ligar objectos e permitir a transferência de dados usando o protocolo Wi-Fi.

<table>
<tr>
<td>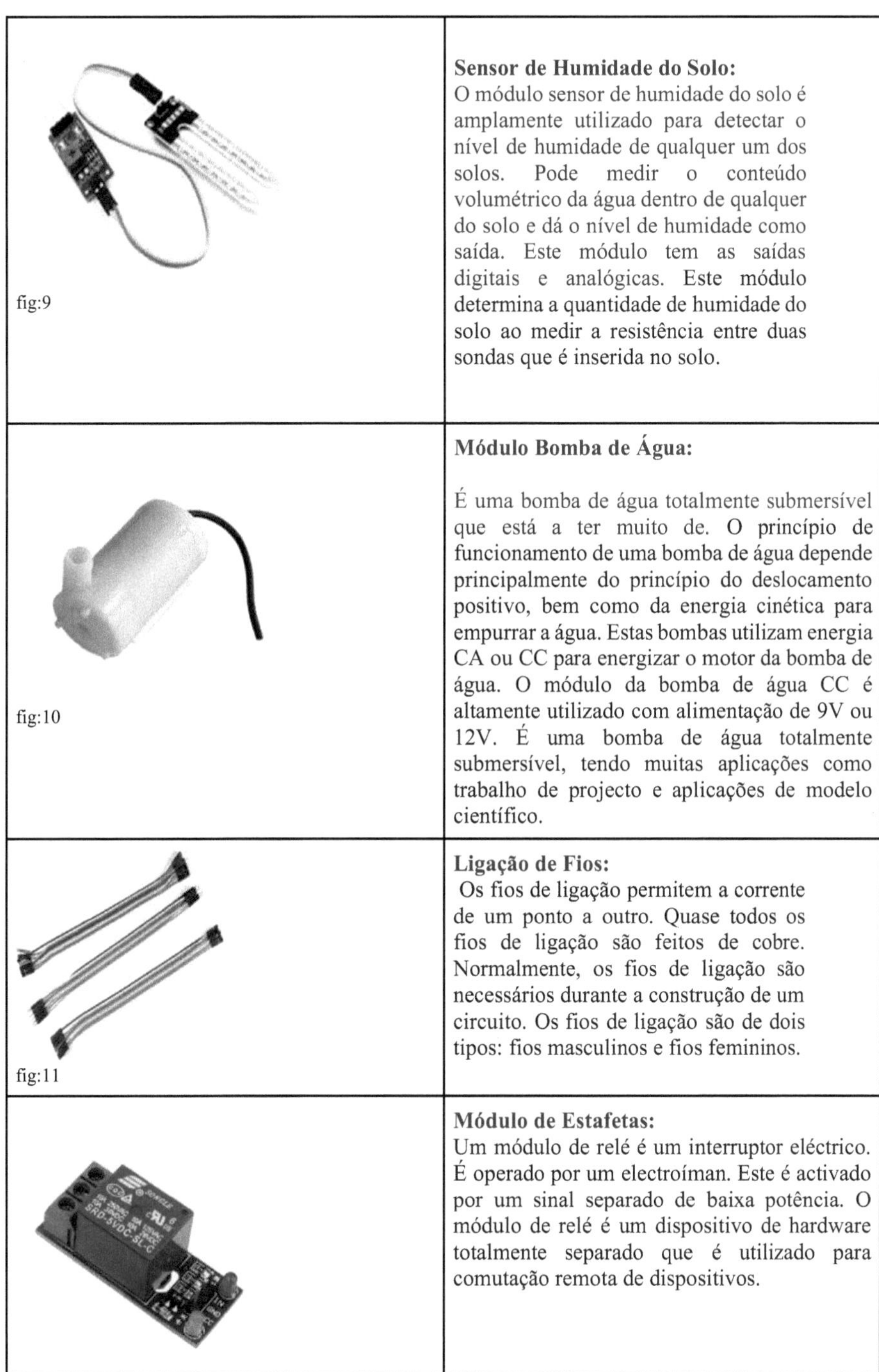

fig:9</td>
<td>

Sensor de Humidade do Solo:
O módulo sensor de humidade do solo é amplamente utilizado para detectar o nível de humidade de qualquer um dos solos. Pode medir o conteúdo volumétrico da água dentro de qualquer do solo e dá o nível de humidade como saída. Este módulo tem as saídas digitais e analógicas. Este módulo determina a quantidade de humidade do solo ao medir a resistência entre duas sondas que é inserida no solo.

</td>
</tr>
<tr>
<td>

fig:10</td>
<td>

Módulo Bomba de Água:

É uma bomba de água totalmente submersível que está a ter muito de. O princípio de funcionamento de uma bomba de água depende principalmente do princípio do deslocamento positivo, bem como da energia cinética para empurrar a água. Estas bombas utilizam energia CA ou CC para energizar o motor da bomba de água. O módulo da bomba de água CC é altamente utilizado com alimentação de 9V ou 12V. É uma bomba de água totalmente submersível, tendo muitas aplicações como trabalho de projecto e aplicações de modelo científico.

</td>
</tr>
<tr>
<td>

fig:11</td>
<td>

Ligação de Fios:
Os fios de ligação permitem a corrente de um ponto a outro. Quase todos os fios de ligação são feitos de cobre. Normalmente, os fios de ligação são necessários durante a construção de um circuito. Os fios de ligação são de dois tipos: fios masculinos e fios femininos.

</td>
</tr>
<tr>
<td></td>
<td>

Módulo de Estafetas:
Um módulo de relé é um interruptor eléctrico. É operado por um electroíman. Este é activado por um sinal separado de baixa potência. O módulo de relé é um dispositivo de hardware totalmente separado que é utilizado para comutação remota de dispositivos.

</td>
</tr>
</table>

Bateria de 9 Volts:
Uma bateria de nove volts é normalmente utilizada em alarmes de fumo, detectores de fumo, walkie-talkies, rádios transístores, dispositivos de teste e instrumentação, baterias médicas, ecrãs LCD, etc. Há tantos detectores de fumo, rádios transístores, muitos equipamentos de teste manuais, brinquedos electrónicos, etc. Há cada vez mais coisas que utilizam pilhas de 9V que podem funcionar de uma a quatro pilhas AA ou AAA.

Uma bateria de nove volts, descartável ou recarregável, é normalmente utilizada em alarmes de fumo, detectores de fumo, walkie-talkies, rádios transístores, dispositivos de teste e instrumentação, baterias médicas, ecrãs LCD, e outros pequenos aparelhos portáteis.

DHT-11:

O DHT-11 é um sensor de temperatura & sensor de humidade que é utilizado principalmente para a execução de projectos de hardware relacionados com o tempo. Utiliza um sensor de humidade capacitivo para medir a temperatura do ar circundante. Este é um sensor de temperatura e humidade comummente utilizado para a monitorização da temperatura e humidade de uma determinada área. Este sensor é utilizado em várias aplicações - em sistemas de aquecimento, ventilação e ar condicionado.

Capítulo 4 - Modelo do sistema

A. Parte de Hardware:

Estes são a imagem de como implantamos os componentes de hardware, a parte principal de todo o sistema é o nó microcontrolador MCU ESP8266 que utilizámos no Sistema de Monitorização de Instalações. O módulo Relay, o módulo sensor de humidade do solo, e o DHT11 estão ligados apenas ao microcontrolador. Depois, com a ligação do módulo de relé, a bomba motorizada será ligada, e através da bomba, a água fluirá para a fábrica.

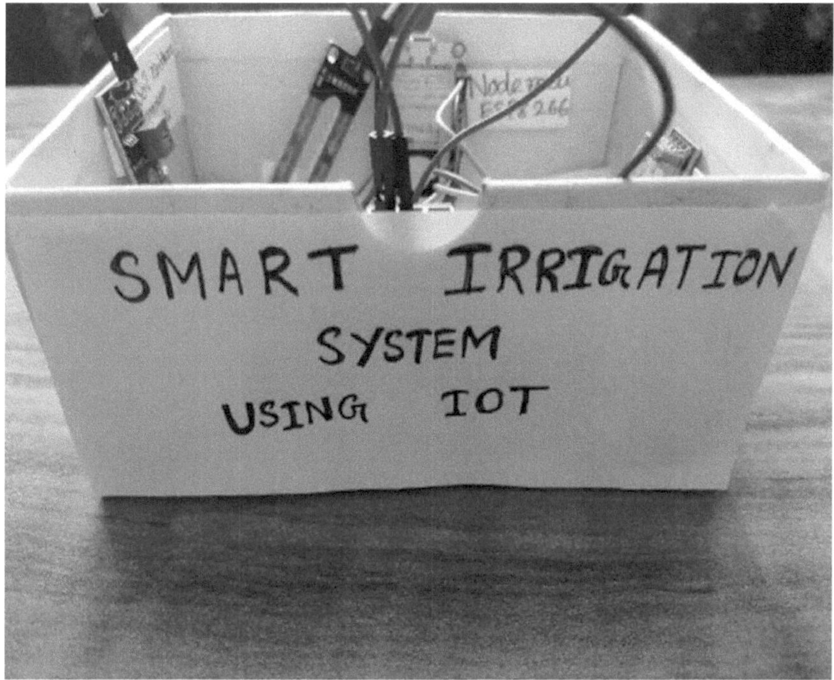

fig:15

fig:16

fig:17

fig:18

SMART IRRIGATION
SYSTEM
USING IOT
RELAY
DHT 11
Soil Moisture
Sensor Module

fig:19

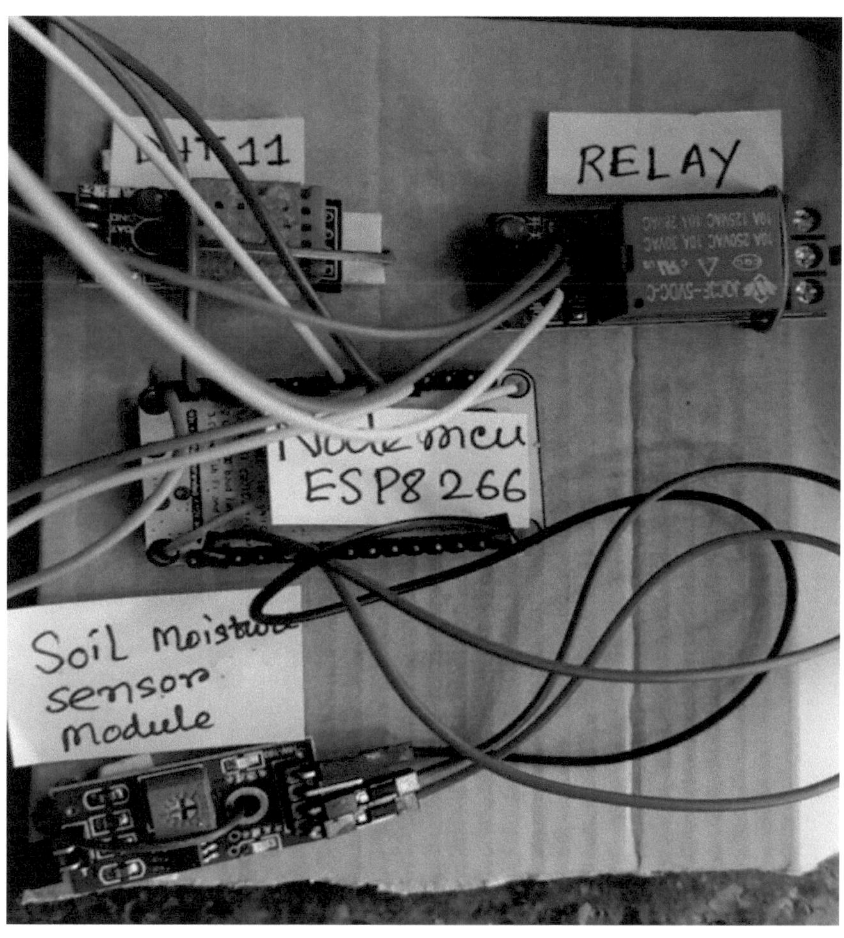

fig:20

B. Parte de software:

Website BLYNK (Web Dashboard):

Criámos um painel de bordo da web, bem como um painel de bordo da aplicação móvel. Para o painel de bordo da web, registámo-nos no site https://blynk.cloud/dashboard/login, fizemos os seguintes passos.

- Após o login, criámos um modelo chamado "PLANT MONITORING SYSTEM", definimos o tipo de ligação como modo de fidelidade sem fios, e definimos o microcontrolador para ESP8266.

- Então, uma configuração de firmware única virá assim. Anexámos estas duas linhas no início do código

```
#define BLYNK_TEMPLATE_ID "TMPLgPguG0WQ"
#define BLYNK_DEVICE_NAME "PLANT MONITORING SYSTEM"
```

- Depois temos de criar 4 fluxos de dados - Temperatura, Humidade, Sensor de humidade do solo, e bomba de água. É necessário definir o pino virtual e recolher o diagrama do manómetro para os três primeiros fluxos de dados, e para a bomba de água, é necessário um botão de comutação para o diagrama. Em seguida, guardar o modelo.

- Depois de salvarmos o painel de instrumentos da web, descarregámos uma aplicação para telefones andróides a partir desta ligação, e criámos os mesmos fluxos de dados a partir do modo desenvolvedor nesta aplicação.

→ **Passo 1**

fig:21

→ Passo 2

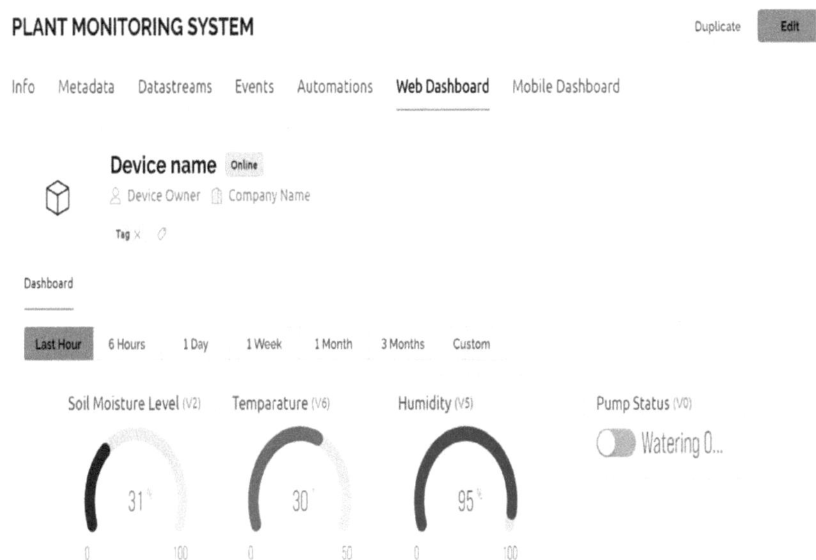

fig:22

Aplicação móvel Blynk (painel de instrumentos móvel)

Blynk é uma plataforma baseada em aplicações móveis que lhe permite controlar o Arduino e outros dispositivos. É um painel de controlo digital onde pode criar uma interface gráfica para o seu projecto LEDs virtuais, botões, mostradores de valores, etc. Utilizaremos a plataforma blynk para a parte de software do projecto.

Passo 1	Passo 2

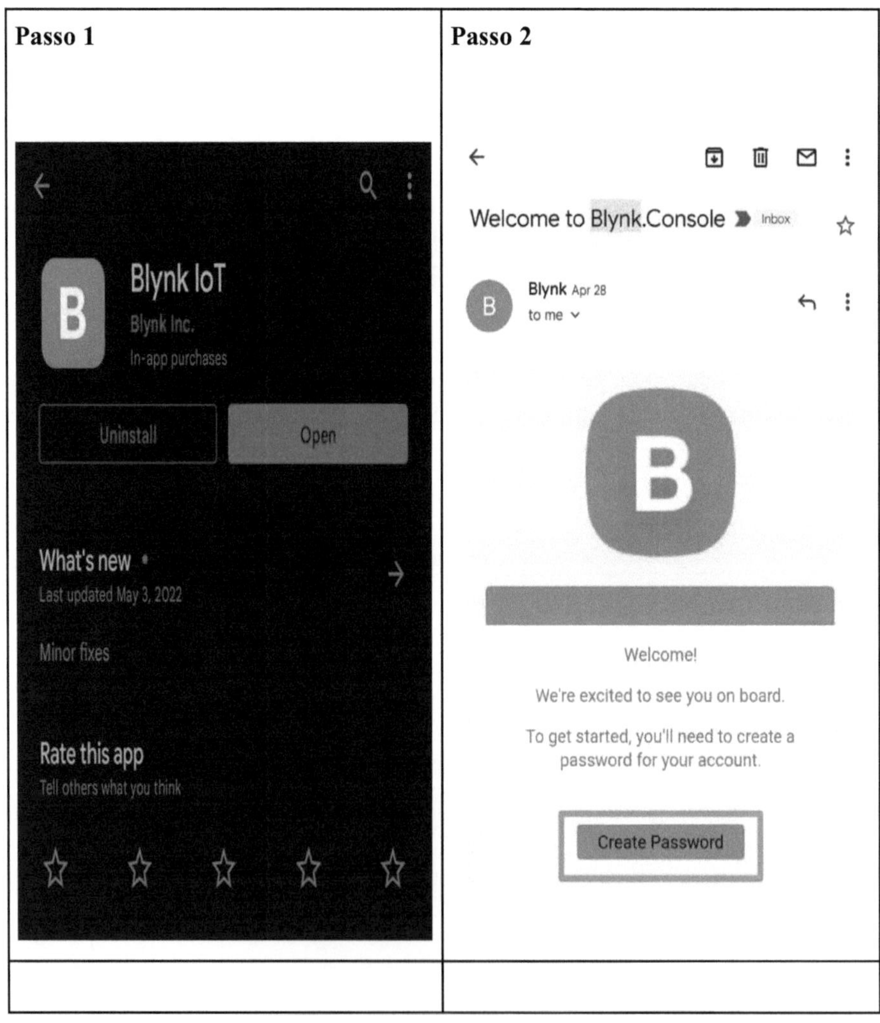

Etapa 3

 Blynk quickstart instructions ➤ Inbox ☆

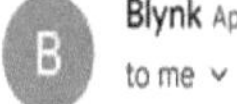 **Blynk** Apr 28
to me ⌄

Hi there,

Let's get your first device connected!

We hope you already know how to add libraries and upload sketches to your device using Arduino IDE, PlatformIO, or any other one.

Now follow these steps to prepare your device:

1. Install Blynk library for Arduino IDE or for PlatformIO
2. We've prepared a ready-to-use code for your device. Copy it here
3. If you're using a WiFi device, find the following code lines in the provided sketch and replace it with your WiFi credentials:

```
char ssid[] = "YourNetworkName";
char pass[] = "YourPassword";
```

If your WiFi network has no password, just put "". Also, keep in mind that most of the devices can only connect to 2.4 GHz networks.

4. Check that you have selected the correct port and board in your IDE
5. Upload the sketch to your device

After you have successfully uploaded the sketch, your device should get connected to Blynk.Cloud. Now try controlling it using Blynk mobile apps and Blynk.Console!

What's next?
Check how this demo device was configured in our Quickstart Guide. This will help you to move forward with other cool Blynk features.

Happy Blynking!

--

Blynk Team

blynk.io

Passo 4

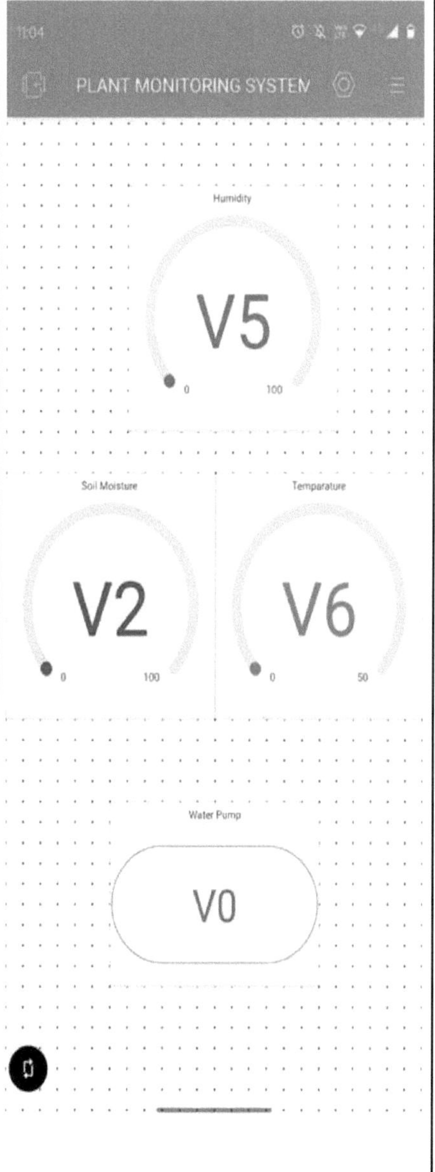

Passo 5

Passo 6

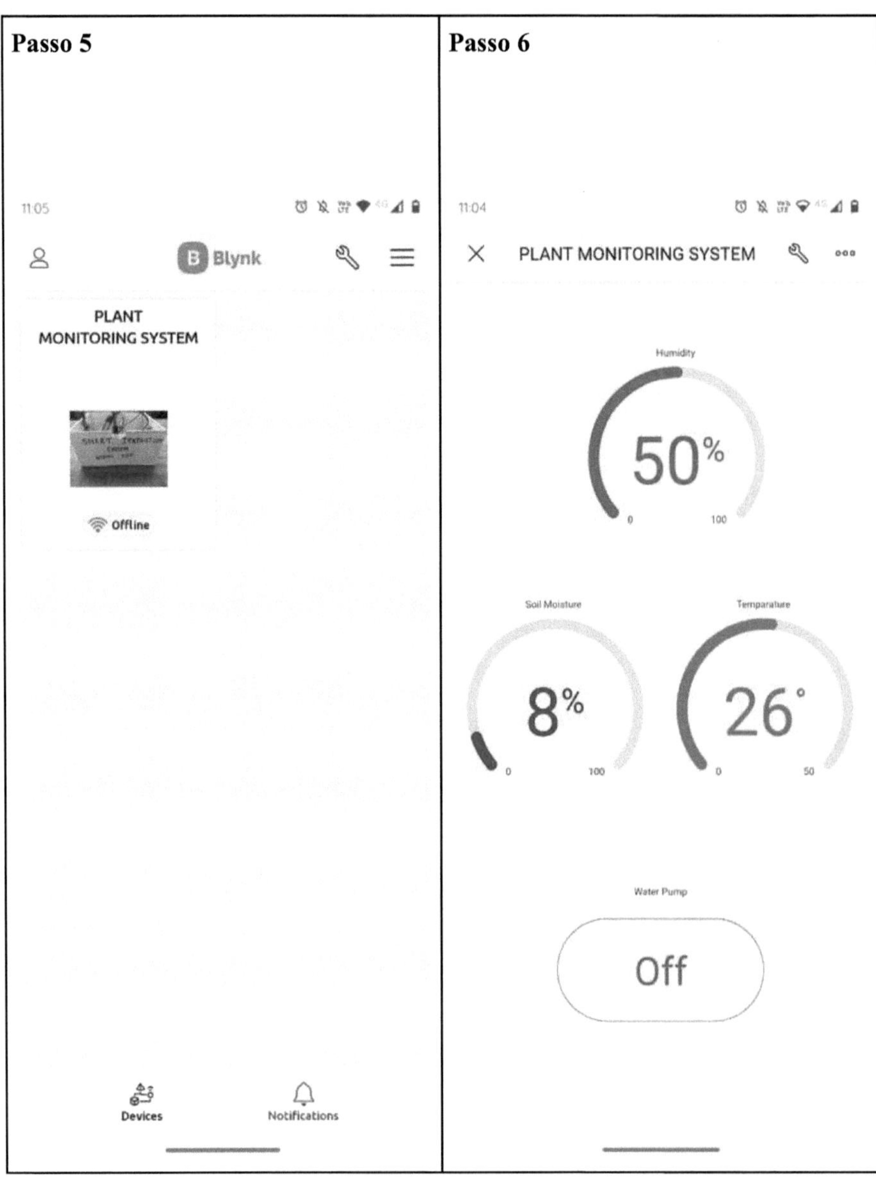

Características:

- A característica do módulo sensor de humidade do solo é - vai sentir a humidade da planta, dependendo do valor da humidade haverá um botão para regar a planta.

- Se a humidade for baixa, então apenas carregaremos no botão da bomba e ela "ON". Depois, a água fluirá para a planta.

- Existe outro sensor DHT11 para monitorizar também a temperatura e a humidade.

- É fornecida uma Wi-Fi perfeita e uma aplicação androide para testes de campo.

- Este sistema inteligente tem software para visualizar a análise gráfica em tempo real de um sensor no PC e no telemóvel.

- A conectividade USB e Wi-Fi são necessárias para o projecto.

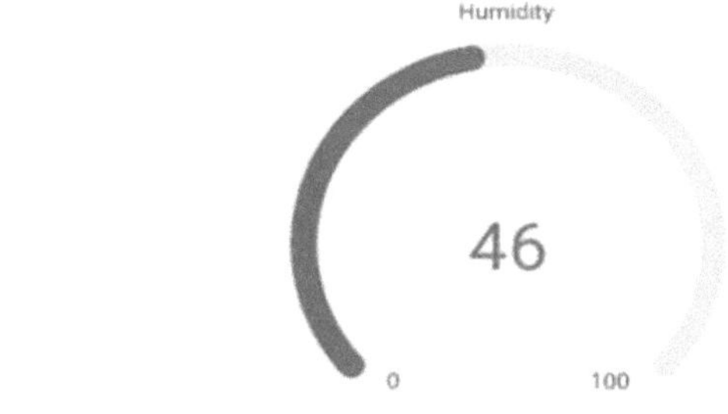

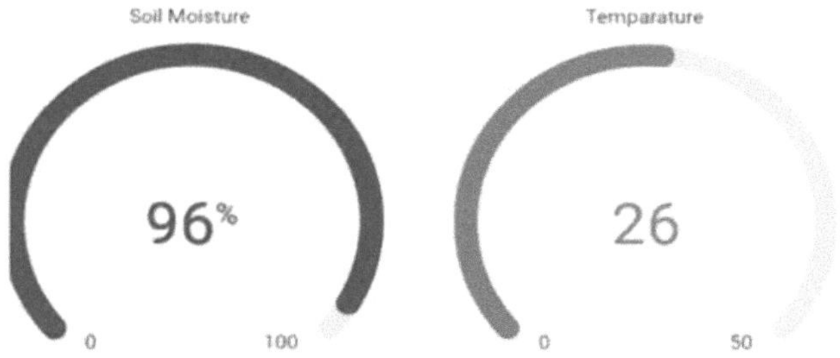

fig:23

Capítulo 5 - Testes

➔ Depois de carregar o código para o microcontrolador, abra o monitor de série e o monitor de série terá este aspecto.

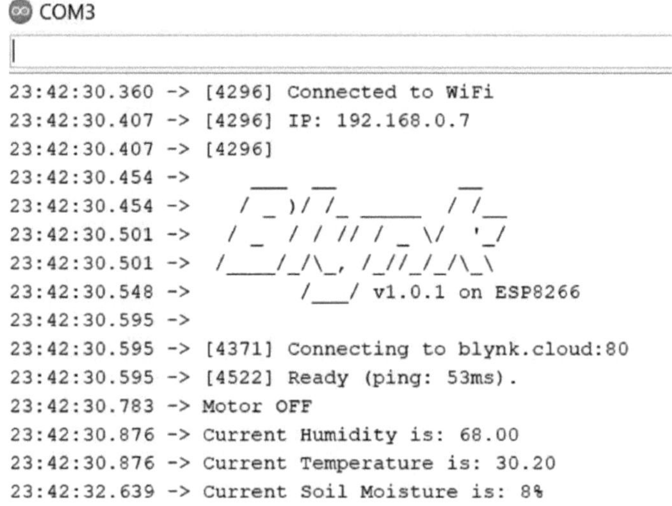

➔ Quando o nível da água está baixo, então mostrar-se-á desta forma:

→ Quando , o nível da água é elevado, então mostrar-se-á assim:

E também abriremos o telefone androide para termos a certeza de que os dados estão totalmente ligados à wifi , por isso aqui a aplicação androide terá este aspecto:

➢ Quando, a humidade do solo é BAIXA

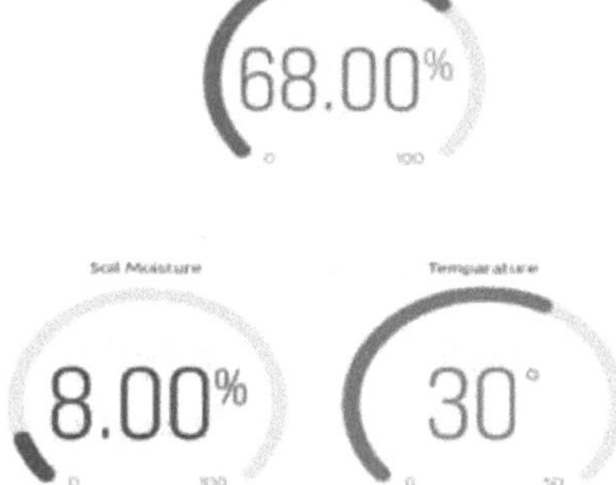

fig:24

➤ Quando a humidade do solo é ALTA

fig:25

Capítulo 6 - Configuração ambiental

Passo 1: Descarregar Arduino IDE a partir deste link. https://www.arduino.cc/en/software/

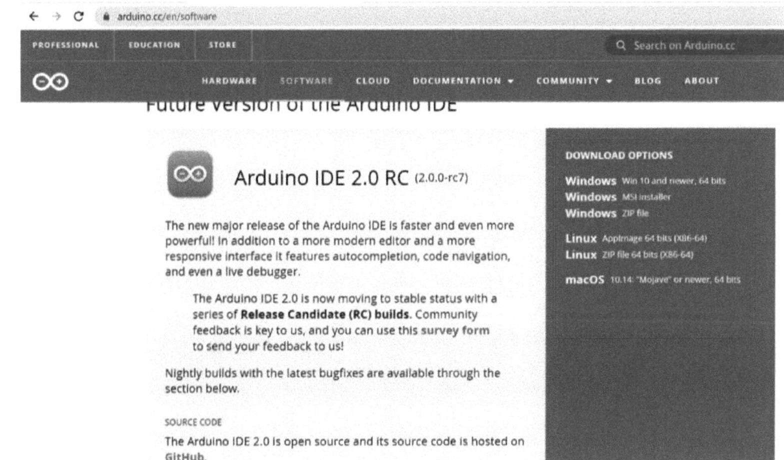

fig:26

Passo 2: Abrir um esboço e instalar as bibliotecas obrigatórias.

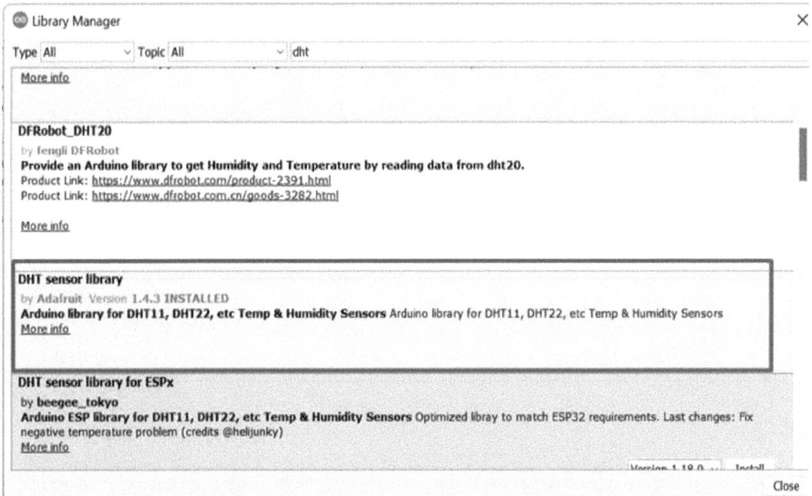

fig:27

Passo 3: Colocar o código abaixo no esboço.

```
clg_project | Arduino 1.8.18
File Edit Sketch Tools Help

clg_project

// First two lines , copied from the blynk web dashboard
#define BLYNK_TEMPLATE_ID "TMPL_aTegc3N"
#define BLYNK_DEVICE_NAME "PLANT MONITORING SYSTEM"
// Need to define these libraries for compiling
#define BLYNK_PRINT Serial
#include <SPI.h>
#include <DHT.h>
#include <OneWire.h>
#include <BlynkSimpleEsp8266.h>
#include <DallasTemperature.h>
OneWire oneWire(ONEWIRE_CRC);
DallasTemperature sensors(&oneWire);

// The auth token should be copied from your mail id in the registration time on blynk.io
char auth[] ="1CQ61HQ9OBbGvpiiolhrMIr4dUGOvcWb";

// Put your wifi name and password
char ssid[] = "samik1";     //your wifi name
char pass[] = "puja@1234";  //your password name

// Need to define these libraries for compiling
#define ONE_WIRE_BUS D2
#define DHTPIN 2
#define DHTTYPE DHT11
#define motor 25
#define moistureSensor 35

Done uploading.
```

fig:28

Passo 4: Compilar.

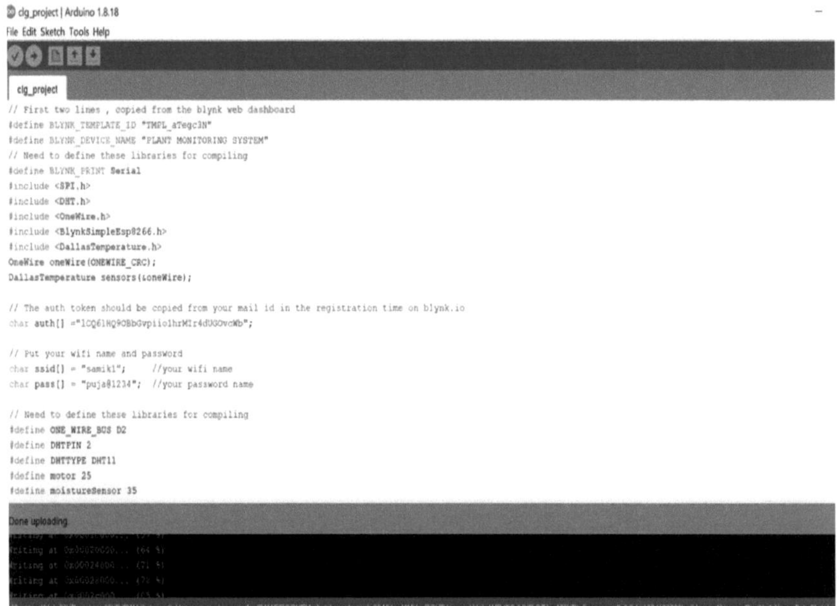

```
clg_project | Arduino 1.8.18
File Edit Sketch Tools Help

clg_project

// First two lines , copied from the blynk web dashboard
#define BLYNK_TEMPLATE_ID "TMPL_aTegc3N"
#define BLYNK_DEVICE_NAME "PLANT MONITORING SYSTEM"
// Need to define these libraries for compiling
#define BLYNK_PRINT Serial
#include <SPI.h>
#include <DHT.h>
#include <OneWire.h>
#include <BlynkSimpleEsp8266.h>
#include <DallasTemperature.h>
OneWire oneWire(ONEWIRE_CRC);
DallasTemperature sensors(&oneWire);

// The auth token should be copied from your mail id in the registration time on blynk.io
char auth[] ="1CQ61HQ9OBbGvpiiolhrMIr4dUGOvcWb";

// Put your wifi name and password
char ssid[] = "samik1";      //your wifi name
char pass[] = "puja@1234";  //your password name

// Need to define these libraries for compiling
#define ONE_WIRE_BUS D2
#define DHTPIN 2
#define DHTTYPE DHT11
#define motor 25
#define moistureSensor 35

Done uploading.
```

fig:29

Passo 5: Seleccionar a porta, utilizando o cabo USB para NODEMCU.

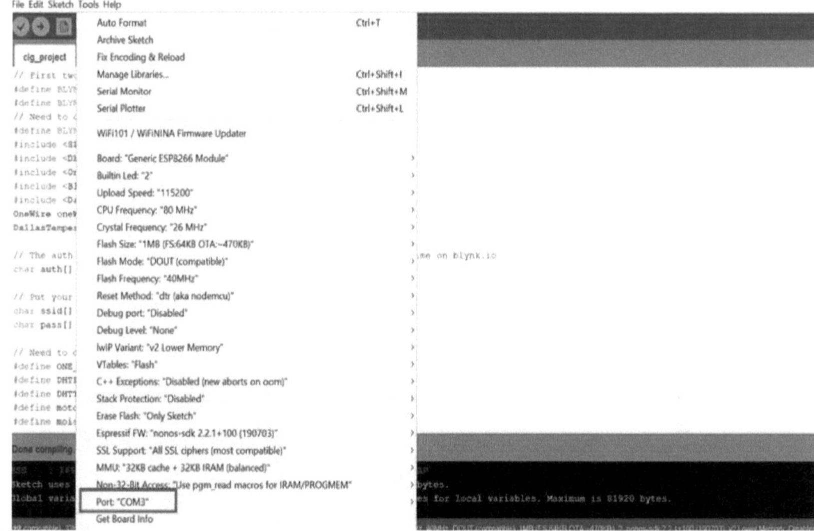

fig:30

Passo 6: Carregar o projecto para o microcontrolador.

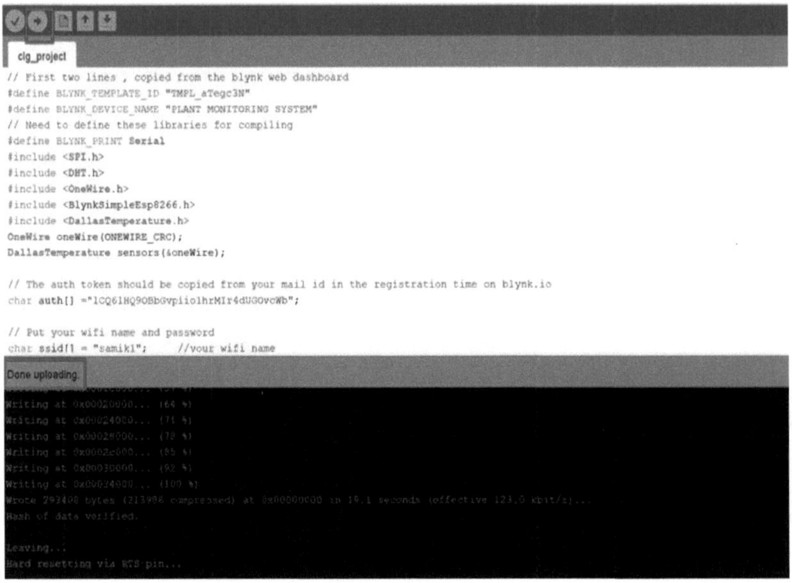

fig:31

Passo 7: Utilizar um banco de energia para utilizar todo o sistema de hardware.

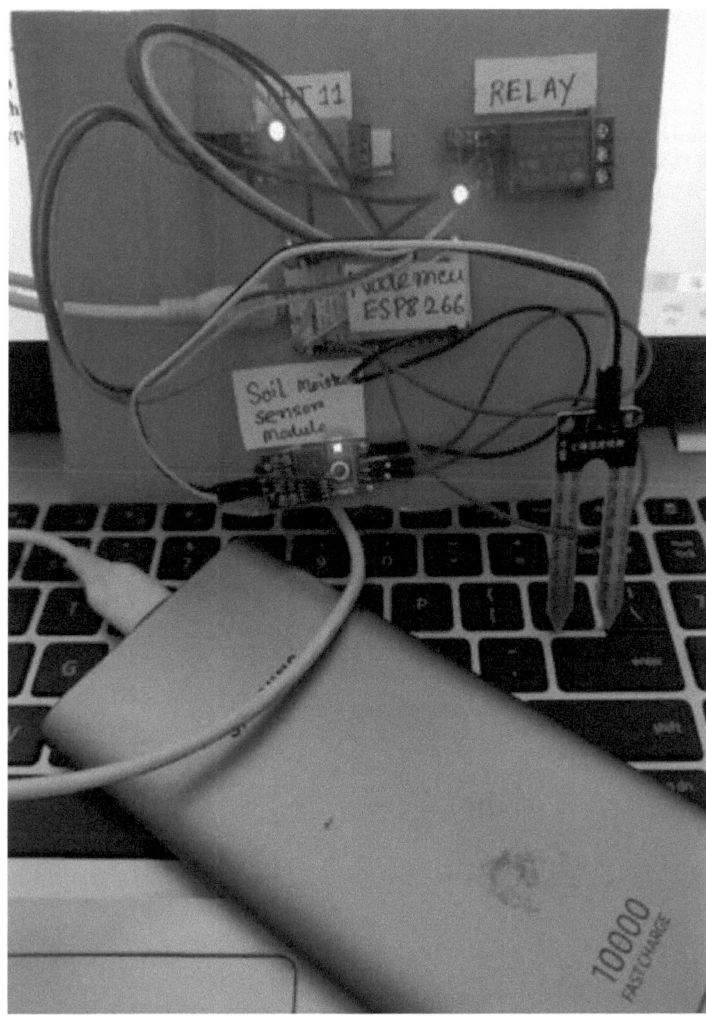

DHT 11
RELAY
Node mcu
ESP8266
Soil Moist.
sensor
module
10000
FAST CHARGE

fig:32

Passo 8: Colocar o sensor de humidade do solo no vaso de plantas, e ver a leitura na aplicação móvel.

fig:33

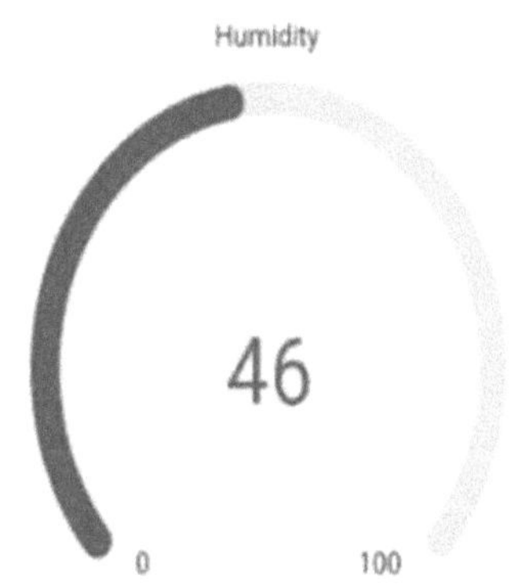

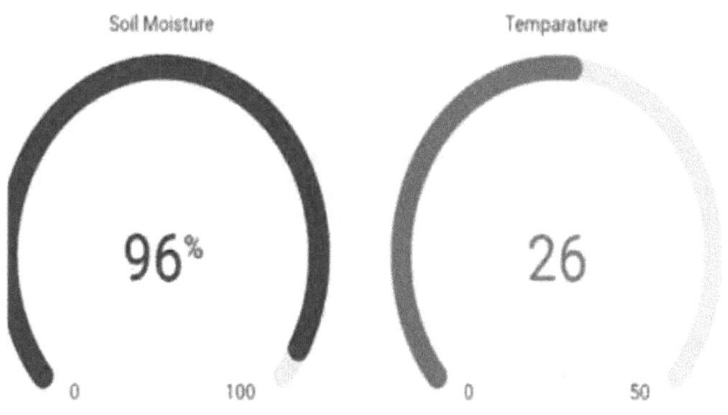

fig:34

Passo 9: Comparar os resultados.

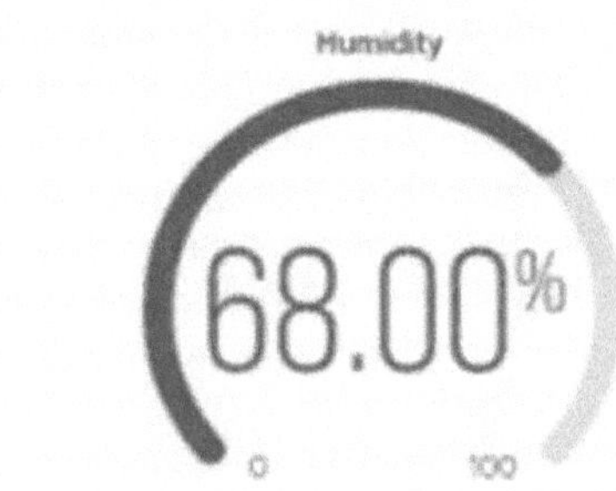

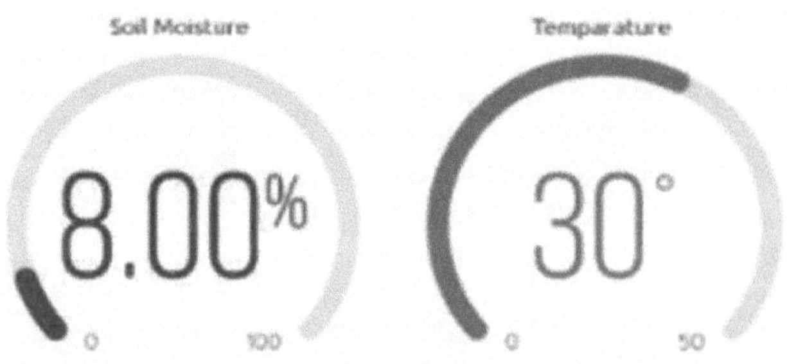

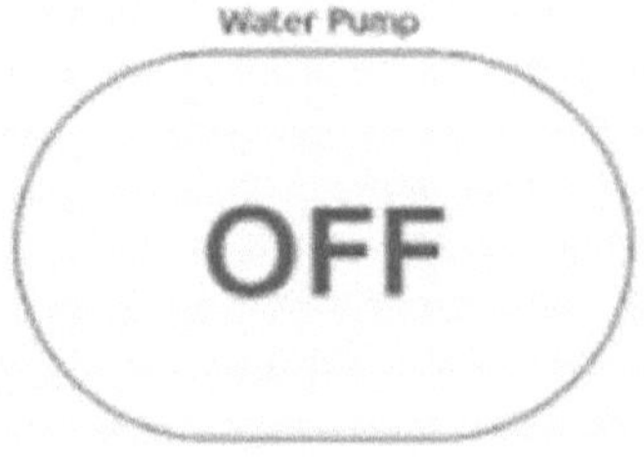

fig:35

Capítulo 7 - Descrição do Código

Nota: - Se alguém tiver algum erro de compilação, então poucas bibliotecas precisam de instalar para compilar na perfeição.

```
1    // First two lines , copied from the blynk web dashboard
2    #define BLYNK_TEMPLATE_ID "TMPL_aTegc3N"
3    #define BLYNK_DEVICE_NAME "PLANT MONITORING SYSTEM"
4    // Need to define these libraries for compiling
5    #define BLYNK_PRINT Serial
6    #include <SPI.h>
7    #include <DHT.h>
8    #include <OneWire.h>
9    #include <BlynkSimpleEsp8266.h>
10   #include <DallasTemperature.h>
11   OneWire oneWire(ONEWIRE_CRC);
12   DallasTemperature sensors(&oneWire);
13
```

```
14   // The auth token should be copied from your mail id in the registration time on blynk.io
15   char auth[] ="1CQ61HQ9OBbGvpiio1hrMIr4dUGOvcWb";
16
17   // Put your wifi name and password
18   char ssid[] = "samik1";        //your wifi name
19   char pass[] = "puja@1234";   //your password name
20
21   // Need to define these libraries for compiling
22   #define ONE_WIRE_BUS D2
23   #define DHTPIN 2
24   #define DHTTYPE DHT11
25   #define motor 25
26   #define moistureSensor 35
27
28   // INITIALISATION
29   int MotorState=0;
30   int moistureState =0;
31   int lastmoisState=0;
32
```

```cpp
33    // Algorithm Start
34    DHT dht(DHTPIN, DHTTYPE);
35    BLYNK_CONNECTED()
36    {
37      Blynk.syncVirtual(V0);
38    }
39    BLYNK_WRITE(V0)
40    {
41      MotorState = param.asInt();
42      if (MotorState==1)
43      {
44        digitalWrite(motor,HIGH);
45        Serial.println("Motor ON");
46      }
47      else
48      {
49        digitalWrite(motor,LOW);
50        Serial.println("Motor OFF");
51      }
52    }
53    SimpleTimer timer;
```

```cpp
54    void humidityTemparatureSensor()
55    {
56      //Read the humidty temparature data from DHT11 sensor.
57      float humidity = dht.readHumidity();
58      float temparature = dht.readTemperature();
59
60      //Condition, if the sensor getting error to read data.
61      if (isnan(humidity) || isnan(temparature))
62      {
63        Serial.println("Failed to read data from DHT sensor!");
64        return;
65      }
66      Blynk.virtualWrite(V5, humidity); //V5 is for Humidity
67      Blynk.virtualWrite(V6, temparature); //V6 is for Temperature
68      Serial.print("Current Humidity is: ");
69      Serial.println(humidity);
70      Serial.print("Current Temperature is: ");
71      Serial.println(temparature);
72    }
```

```cpp
73
74    void setup()
75    {
76      Serial.begin(9600);
77      digitalWrite(8, HIGH);
78      dht.begin();
79      timer.setInterval(1000L, humidityTemparatureSensor);
80      Blynk.begin(auth, ssid, pass);
81      sensors.begin();
82    }
83    int sensor=0;
84    int soilMoisture=0;
85
```

```
86   void sendSoilMoistureData()
87   {
88       sensor=analogRead(A0);
89       //in place 108 there is 100(it change with the change in sensor)
90       soilMoisture=(108-map(sensor,0,1023,0,100));
91       delay(1000);
92       sensors.requestTemperatures();
93       float temp = sensors.getTempCByIndex(0);
94       Serial.print("Current Soil Moisture is: ");
95       Serial.print(soilMoisture);
96       Serial.println('%');
97
98       //Conditional statements
99       if(soilMoisture > 30)
100      {
101        Serial.println("NO MORE WATER NEEDED, ENOUGH WATER IN THE PLANT");
102        delay(1000);
103      }
104      else if (soilMoisture < 15)
105      {
106        Serial.println("WARNING!! NEED WATER");
107        Blynk.logEvent("WATER","Water your plants");
108      }
109      Blynk.virtualWrite(V1, temp);
110      Blynk.virtualWrite(V2,soilMoisture);
111      delay(1000);
112   }
```

```
114      //Looping methods
115      void loop()
116      {
117         Blynk.run();
118         timer.run();
119         sendSoilMoistureData();
120      }
121
```

Capítulo 8 - Dados experimentais

Recolhemos mais de 100 dados, houve alguns problemas quando os valores de humidade, temperatura e dados de humidade do solo foram alterados. Fizemos experiências em diferentes locais, como uma sala aquecida, sala climatizada, temperatura média, e tudo. Assim, com base nisto, elaborámos alguns quadros de dados que foram fornecidos a seguir.

Serial No	Date	Time	Temperature	Humidity
1	12.2.22	12:32	22.23	70%
2	24.4.22	10:23	31.45	62%
3	29.4.22	15:50	35.55	65%
4	18.5.22	18:48	30.67	85%
5	01.6.22	19:50	29.49	82%
6	02.6.22	21:09	29.01	77%
7	05.6.22	12:42	35.34	91%

fig:36

O sensor de humidade do solo sente a humidade que está presente no solo vegetal. Portanto, de acordo com o que testamos, também para isso recolhemos alguns dados. Inserimos o sensor de humidade do solo numa planta seca e também numa planta húmida para obter os diferentes tipos de valores que foram dados abaixo.

Serial No	Date	Time	Plant Type	Soil Moisture
1	12.2.22	12:32	DRY	8%
2	24.4.22	10:23	DRY	11%
3	29.4.22	15:50	WET	85%
4	18.5.22	18:48	WET	91%
5	01.6.22	19:50	WET	96%
6	02.6.22	21:09	NORMAL	55%
7	05.6.22	12:42	NORMAL	53%

fig:37

Capítulo 9 - Estimativa de custos

A estimativa do custo total é de cerca de 1200/- para este projecto. Encomendámos à Amazon Ecommerce Company.

Serial No	Item Name	How many required	Unit Cost (Rupees)	Total Cost (Rupees)
1.	NodeMCU ESP8266	1	360	360
2.	Soil Moisture Sensor Module	1	169	169
3.	Water Pump Module	1	100	100
4.	Relay Module	1	149	149
5.	DHT 11	1	180	180
6.	9V Battery	1	65	65
7.	Jumper Wires	10-15	10	100

fig:38

Capítulo 10 - Análise de resultados

Com base nos mais de 100 dados que foram recolhidos tanto no lado interior como no exterior, descobrimos que os valores da humidade e da humidade do solo estavam a diminuir tão rapidamente no lado exterior do que no lado interior. Estava a demorar tanto tempo a diminuir o valor da humidade e da humidade do solo no lado interior. Para a temperatura, descobrimos que o sensor DHT11 pode detectar cada minuto. A temperatura varia entre o frio e o calor.

Por exemplo, quando estávamos numa sala com ar condicionado, a temperatura mostra 25 graus, enquanto que a temperatura CA era de 24 graus, o que está muito próximo dos 25 graus. Quando estávamos numa sala normal, a temperatura indica 31 graus, enquanto que a temperatura desse dia era de 33 graus, o que está muito próximo de 31. Além disso, a humidade também mudou.
Assim, obtivemos os diferentes valores de temperatura, humidade e humidade do solo para os diferentes locais. Assim, comparámos esses dados uns com os outros. Parecem ser os mesmos valores em comparação com os valores reais. Portanto, aqui, o objectivo do projecto é bem sucedido.

O sistema foi posto à prova para assegurar o seu funcionamento e produzir os resultados esperados. Foram programados três nós sensores, bem como o nó central com todos os necessários
instruções para os módulos LoRa. Os nós sensores estavam a funcionar com uma bateria de 9V e
o solo utilizado neste teste era solo argiloso num frasco, onde todos os sensores de humidade do solo eram
ligado a. Depois de inicializar o nó central e tentar aceder à página web com base
no IP local impresso no monitor de série, uma mensagem apareceu no SMS móvel
para confirm a autenticação de 2 factores. Após confirming o meu processo de login e a inserção do palavra-passe na página de login, apareceu a página de dados do sensor.

Capítulo 11 - Discussão

Durante o tempo da nossa experiência, tínhamos enfrentado algumas dificuldades na recolha de dados. O teor de humidade foi subitamente flutuado com a mudança drástica da temperatura exterior e interior. Para este cenário, ocorreu algum erro no momento em que tomámos o nosso teor de humidade. Mas após a recolha de muitos dados, concluímos com êxito a nossa experiência.

Este teste fornece a rotação completa do teste do sistema indicando a existência de erro manuseamento como a desconexão dos nós sensores, e o timing preciso do sistema dentro de segundos após a necessidade de irrigação. Este teste provou que o sistema funciona como esperado
e pode produzir resultados.

Capítulo 12 - Prospectiva Futura

- Como trabalho futuro, estamos a desenvolver um sistema de irrigação inteligente que avalia a qualidade da água antes da irrigação, com base na arquitectura proposta.

- O utilizador receberá uma notificação, quando o nível da água diminuir.

- Tentaremos implementar um grande motor para que uma grande área seja coberta.

- Acrescentaremos também um sensor de chuva para detectar quando as plantas precisam de irrigação quando não comparadas com a chuva.

- Devido às mudanças alarmantes no clima, os agricultores não podem contar com a água da chuva natural.

Capítulo 13 - Vantagens do Sistema de Rega Inteligente

- O sistema de rega inteligente é uma plataforma muito fácil de utilizar onde pode aprender e melhorar as suas capacidades sobre o sistema de rega.

- O Sistema de Rega Inteligente pode fornecer um abastecimento de água de alta precisão e também pode evitar o desperdício de água.

- Devido ao manuseamento automático, o utilizador necessita de menos energia humana para o sistema de irrigação inteligente.

- Com a ajuda dos sensores , pode determinar com precisão os níveis de humidade do solo.

- Pode facilmente detectar e controlar a temperatura, humidade, radiação solar usando sensores.

- Este sistema fornece automaticamente água para o campo. O utilizador pode operar manualmente (ligar ou desligar) a válvula.

- Com a ajuda dos sensores, pode determinar com precisão os níveis de humidade do solo.

- Uma das maiores vantagens deste sistema é que pode poupar água até 50%.

Capítulo 14 - Desvantagens do Sistema de Rega Inteligente

- O sistema de rega inteligente é caro.

- Se o tamanho da sua propriedade for grande, precisa de alargar o procedimento.

- Estes sistemas podem ser um pouco dispendiosos, dependendo do tamanho da sua propriedade/terra.

- A compatibilidade da auto-ajuda é demasiado baixa com sistemas de grande escala e que são muito complexos

- O sistema de irrigação automatizado também precisa da electricidade.

Capítulo 15 - Conclusão

A rega inteligente afecta a agricultura, uma vez que uma grande quantidade de água é dedicada a esta utilização. As crescentes preocupações com o aquecimento global levaram à consideração da criação de medidas de gestão da água para assegurar a sua disponibilidade. Neste documento, podemos concluir que identificámos os parâmetros mais monitorizados para caracterizar a qualidade da água para irrigação, solo, e condições meteorológicas. Introduzimos aqui outro microcontrolador em vez do Arduino que é o Nodo MCU esp8266. Os detalhes completos da implementação foram discutidos acima. O sistema fornece monitorização eficiente da humidade, humidade, e teor de temperatura do solo. Os dados recolhidos pelo sistema podem ser utilizados para outros fins de análise.

Uma grande percentagem de água doce na utilização agrícola está a ser desperdiçada, o que resulta em má distribuição de água doce a quem dela necessita e má irrigação que pode causar solo saturação e colheitas que crescem com defeito. A irrigação precisa deve ser conduzida em o cenário agrícola. Este projeto foi concebido para resolver os problemas anteriormente referidos fornecendo monitorização em tempo real field assim como controlo preciso da rega tanto automático e manual. Este sistema permitiria que fields fosse controlado em grande escala e monitorizado. Este sistema fornece dados para investigação futura, tal como para todas as condições de cultivo. Permitir que as páginas operacionais estejam em servidores domésticos permite uma mais fácil resolução de problemas e fácil troca de peças a um custo baixo.

Printed by Books on Demand GmbH, Norderstedt / Germany